优质乳工程 助力健康中国

国家奶业科技创新联盟

郑楠 张养东 编著

中国农业科学技术出版社

联盟宗旨

☆ **机制创新　凝聚力**

☆ **科技创新　引领力**

☆ **健康中国　支撑力**

优质乳工程**助力健康中国**

不忘初心，为一杯好牛奶而奋斗！

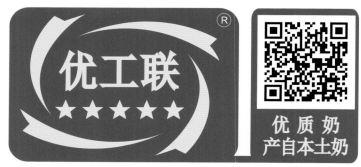

向建党一百周年献礼

2017 年 1 月 24 日，习近平总书记考察旗帜婴儿乳品股份有限公司，指出："**要下决心把乳业做强做优，生产出让人民群众满意、放心的高品质乳业产品，打造出具有国际竞争力的乳业产业，培育出具有世界知名度的乳业品牌。**"

（引自 http://health.cnr.cn/chinamilk/news/20170204/t20170204_523555066.shtml）

奶业联盟成立背景：奶业形势不容乐观

2016 年，奶业联盟成立之前，国产奶长期受到进口奶严重冲击，尚无解决之道。

2009—2016 年，国内新增市场 97% 以上被进口奶占有。

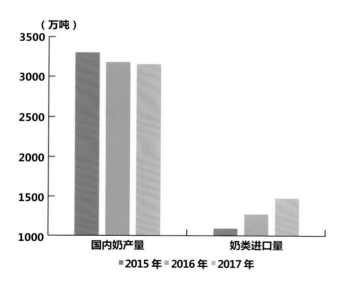

国产奶徘徊与进口奶增加

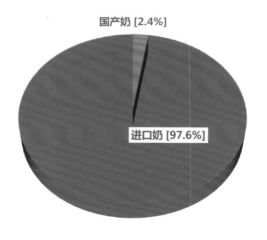

**2009—2016 年
国内奶类消费新增市场占有率**

奶业联盟成员企业：光明乳业

地处上海，在同一超市同一柜台内，与进口奶相比，国产奶售价最低，但是消费者不买账，依然迷信进口奶。

什么牛奶好？国产奶没有话语权、定价权。

优质乳工程助力健康中国

奶业联盟提出"优质奶产自本土奶"的科学理念，引领民族奶业走"多产奶—产好奶—喝好奶"之路。

奶类有"三怕"
- 一怕过热加工
- 二怕长期保存
- 三怕漂洋过海

自 2016 年起，奶业联盟发挥"产学研用"一体化的机制创新优势，构建涵盖"优质奶源—低碳工艺—品质标识"全产业链高质量发展的 30 项标准，形成优质乳工程技术体系，在光明乳业应用。

国产奶实现"技术引领—标准引领—品质引领",牢牢掌握市场的话语权、定价权。

优质乳工程开发出优倍75℃单品,成为全球第一款标识乳铁蛋白等3种活性因子的牛奶。

2019年优倍75℃单品销售额19亿元。核心竞争力得到决定性提升。

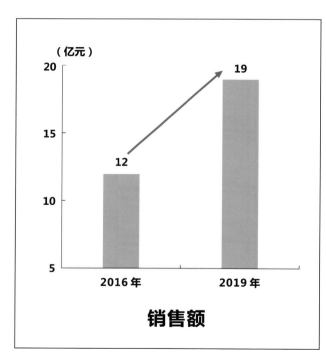

销售额

优质乳工程技术体系在 25 个省的 61 家企业示范应用，生产的优质巴氏杀菌乳产量占到全国的 90% 以上。

25个省份，61家企业实施，33家通过验收

★ 通过验收企业名单：

1. 昆明雪兰牛奶有限责任公司 云南
2. 福建长富乳品有限公司 福建
3. 辽宁辉山乳业集团（沈阳）有限公司 辽宁
4. 重庆市天友乳业股份有限公司 重庆
5. 杭州新希望双峰乳业有限公司 浙江
6. 中垦华山牧乳业有限公司 陕西
7. 光明乳业股份有限公司华东中心工厂 上海
8. 上海乳品四厂有限公司 上海
9. 上海永安乳品有限公司 上海
10. 浙江省杭江牛奶乳品厂 浙江
11. 南京光明乳品有限公司 江苏
12. 广州光明乳品有限公司 广东
13. 北京光明健能乳业有限公司 北京
14. 成都光明乳业有限公司 四川
15. 武汉光明乳品有限公司 湖北
16. 河北新希望天香乳业有限公司 河北
17. 四川新华西乳业有限公司 四川
18. 青岛新希望琴牌乳业有限公司 山东
19. 广东燕塘乳业股份有限公司 广东
20. 广州风行乳业股份有限公司 广东
21. 山东得益乳业股份有限公司 山东
22. 安徽新希望白帝乳业有限公司 安徽
23. 南京卫岗乳业有限公司 江苏
24. 湖南新希望南山液态乳业有限公司 湖南
25. 河南花花牛乳业集团股份有限公司 河南
26. 现代牧业（蚌埠）有限公司 安徽
27. 现代牧业（塞北）有限公司 河北
28. 新希望双喜乳业（苏州）有限公司 江苏
29. 西昌新希望三牧乳业有限公司 四川
30. 广东温氏乳业有限公司 广东
31. 扬州市扬大康源乳业有限公司 江苏
32. 兰州庄园牧场有限公司 甘肃
33. 贵州好一多乳业股份有限公司 贵州

★ 正在实施优质乳工程的企业：

1. 新疆天润生物科技股份有限公司 新疆
2. 云南乍甸乳业有限责任公司 云南
3. 广泽乳业有限公司 吉林
4. 湖北俏牛儿牧业有限公司 湖北
5. 杭州味全食品有限公司 浙江
6. 天津海河乳业有限公司 天津
7. 山西九牛牧业股份有限公司 山西
8. 湖南优卓食品科技有限公司 湖南
9. 石家庄君乐宝乳业有限公司 河北
10. 贵州南方乳业有限公司 贵州
11. 浙江一鸣食品股份有限公司 浙江
12. 临沂格瑞食品有限公司 山东
13. 甘肃祁牧乳业有限责任公司 甘肃
14. 大同市牧同乳业有限公司 山西
15. 黑龙江飞鹤乳业有限公司 黑龙江
16. 安徽曦强乳业集团有限公司 安徽
17. 中宁县黄河乳制品有限公司 宁夏
18. 邯郸市康诺食品有限公司 河北
19. 湛江燕塘乳业有限公司 广东
20. 皇氏集团湖南优氏乳业有限公司 湖南
21. 城步养牧实业有限公司 湖南
22. 山东德正乳业集团有限公司 山东
23. 四川雪宝乳业集团有限公司 四川
24. 新疆瑞源乳业有限公司 新疆
25. 新疆西域春乳业有限责任公司 新疆
26. 福建驼能生物科技有限公司 福建
27. 浙江美丽健乳业有限公司 浙江
28. 廊坊市全食品有限公司 河北

"技术引领—标准引领—品质引领"，为国产奶核心竞争力提供了决定性支撑

连续研究并发布成员企业婴幼儿配方奶粉质量评价报告,显著提高消费者对国产优质婴幼儿配方奶粉产品的认可度。

国产婴幼儿配方奶粉的市场占有率从 2009 年的不到 30% 提高到 2020 年的 65.5%。

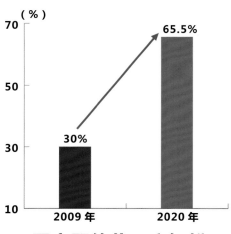

国产婴幼儿配方奶粉市场占有率

奶业进入发展新阶段

从 2018 年到 2020 年，国内奶产量连续 3 年增长。奶类消费新增市场占有率从 2.4% 提高到 50.4%。

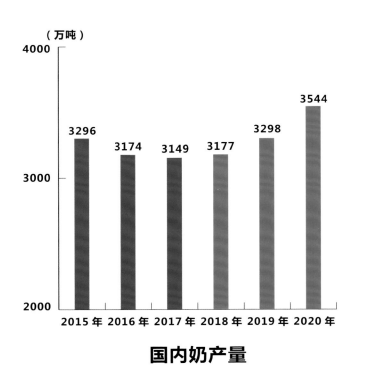

国内奶产量　　　　**奶类消费新增市场占有率**

2021 年 5 月 18 日，国家卫健委把奶业联盟实施的"国家优质乳工程"列入"国民营养计划 2021 年重点工作"。

计划内容	2021 年重点工作	负责部委（单位）及委内分工
\multicolumn{3}{c}{一、完善营养法规政策标准体系}		
（一）推动营养相关政策法规研究	1.印发《中国食物与营养发展纲要（2021-2035 年）》。	农业农村部、国家卫生健康委。委内：疾控局、食品司。
（二）完善标准体系	1.发布和解读 1-2 批营养健康标准及规范性文件。	国家卫生健康委、市场监管总局。委内：食品司，疾控中心、食品评估中心。
	2.完善生乳生产标准规范体系。	农业农村部、中国奶业协会。
\multicolumn{3}{c}{二、加强营养能力建设}		
（一）加强营养科研能力建设	1.加强国民营养保障方面的基础研究、应急产能、无接触物流等关键技术攻关，加大国家科技计划中食品营养科技研发任务统筹部署和组织实施。	科技部、国家卫生健康委、体育总局、教育部。委内：科教司、食品司。
	2.试点建设区域性营养创新平台和省部级营养专项重点实验室。	河北省、内蒙古自治区、吉林省、黑龙江省、上海市、江西省、湖北省、湖南省、广东省、广西壮族自治区、四川省卫生健康委，科技部、国家卫生健康委。委内：食品司、科教司、疾控中心。
	3.推进实施国家优质乳工程，研究建设优质乳标准化技术体系。	农业农村部、国家卫生健康委，河北省、黑龙江省、上海市、福建省、广东省、四川省卫生健康委。委内：食品司，食品评估中心、疾控中心。

目 录

第一篇　　机制创新　凝聚力 01

第二篇　　科技创新　引领力 13

第三篇　　健康中国　支撑力 31

附　　录　　联盟建设与工作风采 40

第一篇　机制创新　凝聚力

成立联盟，就是探索机制创新。

在不动单位体制、不动人员编制、不动财产所有权、没有固定经费支持的情况下，能不能形成真正的凝聚力？是联盟的试金石。

优质乳工程助力健康中国

**2016 年 11 月 19 日，经农业部批准，
依托牧医所奶业创新团队，国家奶业科技创新联盟（简称"奶业联盟"）
在中国农业科学院召开成立大会。**

第一篇 机制创新 凝聚力

农业农村部办公厅文件

农办科〔2019〕35号

农业农村部办公厅关于认定首批国家农业科技创新联盟的通知

各省、自治区、直辖市农业农村（农牧）厅（局、委），新疆生产建设兵团农业农村局：

为深入贯彻党中央、国务院关于深化科技体制改革、推动产学研深度融合的决策部署，2014年，农业农村部启动国家农业科技创新联盟（以下简称"联盟"）建设。五年来，围绕"一个产业问题、一个科学命题、一个团队支撑、一套运行机制"的要求，按照"有目标、有任务、有团队、有资金、有考核"的标准，通过创新实体化、一体化、共建共享等运行机制，一批产业性、区域性和专业性联盟先

— 1 —

首批国家农业科技创新联盟认定名单

（共34个）

产业联盟（15个）
棉花产业联盟 *
奶业科技创新联盟 *
天敌昆虫科技创新联盟 *
高效复合肥料科技创新联盟 *
水稻商业化分子育种技术创新联盟 *
渔业装备科技创新联盟 *
谷物收获机械科技创新联盟 *
奶牛育种自主创新联盟 *
农业废弃物循环利用科技创新联盟
高效低风险农药科技创新联盟
化肥减量增效科技创新联盟
兽药产业技术创新联盟
猕猴桃科技创新联盟
食药同源产业科技创新联盟

2019年12月31日，农业农村部认定奶业联盟为15个标杆联盟之一。

优质乳工程助力健康中国

国家农业科技创新联盟

关于召开国家农业科技创新联盟实体化座谈会的通知

为深入贯彻落实党的十九大精神和中央农村工作会议精神，深入实施乡村振兴战略，切实推进联盟实体化进程，联盟秘书处兹定于2018年9月19日在北京召开联盟实体化座谈会，会议通知如下：

一、会议时间

2018年9月19日下午14:00-17:00。

二、会议地点

中国农科院新主楼431会议室。

三、参会人员

1. 联盟秘书处领导；
2. 部分产业联盟理事长；

附件1：参会产业联盟名单

序号	联盟名称
1	奶业科技创新联盟
2	棉花产业科技创新联盟
3	农业废弃物循环利用科技创新联盟
4	兽药产业技术创新联盟
5	航空植保科技创新联盟
6	天敌昆虫科技创新联盟
7	水稻商业化分子育种技术创新联盟
8	高效低风险农药科技创新联盟
9	渔业装备科技创新联盟
10	谷物联合收获机械科技创新联盟
11	水果深加工科技创新联盟
12	高效复合肥料科技创新联盟
13	化肥减量增效科技创新联盟
14	奶牛育种自主创新联盟
15	乡村环境治理科技创新联盟
16	草产业科技创新联盟

2018年9月19日，农业农村部召开国家农业科技创新联盟领导下的产业类联盟实体化座谈会，部署启动产业类联盟实体化工作。

第一篇　机制创新　凝聚力

2019年4月21日，在国家农业科技创新联盟领导下，奶业联盟发起成立天津市奶业科技创新协会，成为奶业联盟落地的第一个实体机构。

优质乳工程助力健康中国

2019年5月7日,中优乳奶业研究院(天津)有限公司成立,成为奶业联盟落地的第二个实体机构。

第一篇　机制创新　凝聚力

2018年9月20日，奶业联盟"优质乳标准化技术"被遴选为"2017中国农业农村十大新技术"之一。

优质乳工程**助力健康中国**

农业农村部科技教育司

关于报送 2019 年农业农村部十大引领性农业技术示范展示单位及技术集成示范实施方案的通知

全国农技中心、全国畜牧总站、农机推广总站、全国水产总站、生态总站、中国农科院畜牧所、华中农业大学、南京农业大学：

　　近期，我司组织遴选了 2019 年十大引领性农业技术，今年将继续遴选支持具备条件的单位开展示范展示工作。现请你单位对照 2019 年十大引领性农业技术清单（附件1）组织填报技术示范展示单位信息表（附件2），制定相关技术集成示范实施方案（具体要求参见附件3），并于7月10日前报送我司技术推广处。

　　联系人：王航　崔江浩
　　联系电话：010-59192911，2912
　　电子邮箱：kjstgch@163.com

2019年十大引领性农业技术清单

序号	技术名称	牵头单位
1	受控式集装箱循环水绿色高效养殖技术	全国水产总站
2	玉米籽粒低破碎机械化收获技术	全国农技中心
3	"零排放"圈养绿色高效循环养殖技术	华中农业大学
4	优质乳生产奶牛营养调控与规范化饲养技术	中国农科院畜牧所
5	畜禽低蛋白低磷饲料应用技术	全国畜牧总站
6	油菜生产全程机械化技术	农机推广总站
7	全生物降解地膜替代技术	全国生态总站
8	大豆免耕精量播种及高质低损机械化收获技术	农机推广总站
9	北斗导航支持下的智慧麦作技术	南京农业大学
10	棉花采摘及残膜回收机械化技术	农机推广总站

2019年6月28日，"优质乳生产奶牛营养调控与规范化饲养技术"入选农业农村部十大引领性农业技术。

到 2021 年 7 月，奶业联盟的优质乳工程技术体系已在全国 25 个省份 61 家"种—养—加"一体化乳品企业实施，生产的优质巴氏杀菌乳产量占到全国的 90% 以上。

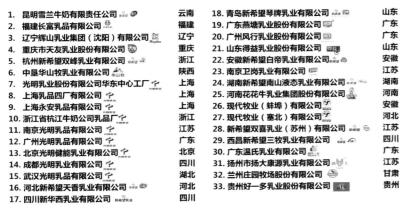

★ 通过验收企业名单

1. 昆明雪兰牛奶有限责任公司　云南
2. 福建长富乳品有限公司　福建
3. 辽宁辉山乳业集团（沈阳）有限公司　辽宁
4. 重庆市天友乳业股份有限公司　重庆
5. 杭州新希望双峰乳业有限公司　浙江
6. 中垦华山牧乳业有限公司　陕西
7. 光明乳业股份有限公司华东中心工厂　上海
8. 上海乳品四厂有限公司　上海
9. 上海永安乳品有限公司　上海
10. 浙江省杭江牛奶公司乳品厂　浙江
11. 南京光明乳业　江苏
12. 广州光明乳品有限公司　广东
13. 北京光明健能乳业有限公司　北京
14. 成都光明乳业有限公司　四川
15. 武汉光明乳品有限公司　湖北
16. 河北新希望天香乳业有限公司　河北
17. 四川新华西乳业有限公司　四川
18. 青岛新希望琴牌乳业有限公司　山东
19. 广东燕塘乳业股份有限公司　广东
20. 广州风行乳业股份有限公司　广东
21. 山东得益乳业股份有限公司　山东
22. 安徽新希望白帝乳业有限公司　安徽
23. 南京卫岗乳业有限公司　江苏
24. 湖南新希望南山液态乳业有限公司　湖南
25. 河南花花牛乳业集团股份有限公司　河南
26. 现代牧业（蚌埠）有限公司　安徽
27. 现代牧业（塞北）有限公司　河北
28. 新希望双喜乳业（苏州）有限公司　江苏
29. 西昌新希望三牧乳业有限公司　四川
30. 广东温氏乳业有限公司　广东
31. 扬州市扬大康源乳业有限公司　江苏
32. 兰州庄园牧场股份有限公司　甘肃
33. 贵州好一多乳业股份有限公司　贵州

★ 正在实施优质乳工程的企业

1. 新疆天润生物科技股份有限公司　新疆
2. 云南乍甸乳业有限责任公司　云南
3. 广泽乳业有限公司　吉林
4. 湖北俏牛儿牧业有限公司　湖北
5. 杭州味全食品有限公司　浙江
6. 天津海河乳业有限公司　天津
7. 山西九牛牧业股份有限公司　山西
8. 湖南优卓食品科技有限公司　湖南
9. 石家庄君乐宝乳业有限公司　河北
10. 贵州南方乳业有限公司　贵州
11. 浙江一鸣食品股份有限公司　浙江
12. 临沂格瑞食品有限公司　山东
13. 甘肃祁牧乳业有限责任公司　甘肃
14. 大同市牧同乳业有限公司　山西
15. 黑龙江飞鹤乳业有限公司　黑龙江
16. 安徽曦强乳业集团有限公司　安徽
17. 中宁县黄河乳制品有限公司　宁夏
18. 邯郸市康诺食品有限公司　河北
19. 湛江燕塘乳业有限公司　广东
20. 皇氏集团湖南优氏乳业有限公司　湖南
21. 城步养牧业有限公司　湖南
22. 山东德正乳业股份有限公司　山东
23. 四川雪宝乳业集团有限公司　四川
24. 新疆瑞源乳业有限公司　新疆
25. 新疆西域春乳业有限责任公司　新疆
26. 福建驼能生物科技有限公司　福建
27. 浙江美丽健乳业有限公司　浙江
28. 廊坊味全食品有限公司　河北

优质乳工程助力健康中国

2019年，美国全国广播公司（NBC）等国际150余家主流媒体广泛报道："中国乳制品市场正在经历一场无声的革命——实施国家优质乳工程"，中国的优质乳工程受到国际高度称赞。

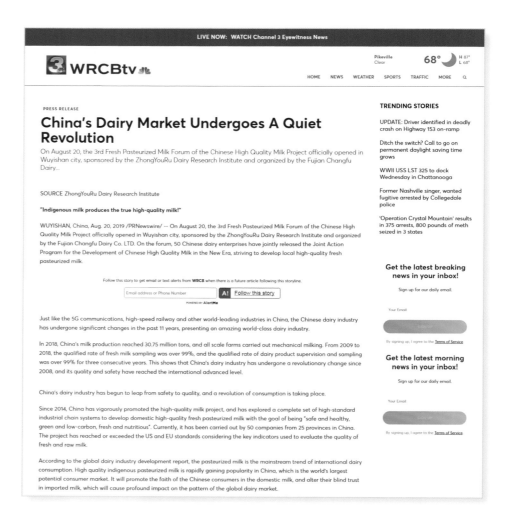

http://www.nbc29.com/story/40937112/chinas-dairy-market-undergoes-a-quiet-revolution

五年来，奶业联盟始终遵循"一个产业问题、一个科学命题、一个团队支撑、一套运行机制"的原则，聚焦奶业振兴、实施优质乳工程。

突破了奶业行政管理分段化、科技创新零星化、技术推广碎片化的机制束缚，实现全产业链共建共享，形成了产学研用协同的强大凝聚力。

第二篇　科技创新　引领力

科技创新是奶业发展的灵魂。

必须夯实基础，把握方向，依靠科技创新推动奶业高质量发展，由"跟跑者"变为"领跑者"，在激烈的国际竞争中掌握发展的主动权与话语权。

把握发展方向，准确研判不同阶段科技创新重点

历史阶段	产业特征	发展方向	科技创新重点
1990 年	数量不足	多产奶	创制人工瘤胃，打开瘤胃黑箱
2009 年	质量不高	产好奶	安全控制与质量提升
2016 年	品质不明	喝好奶	品质评价与营养健康

完成"973"项目"牛奶重要营养品质形成与调控机理研究",提出"健康瘤胃—健康奶牛—优质牛奶"的学术思路。

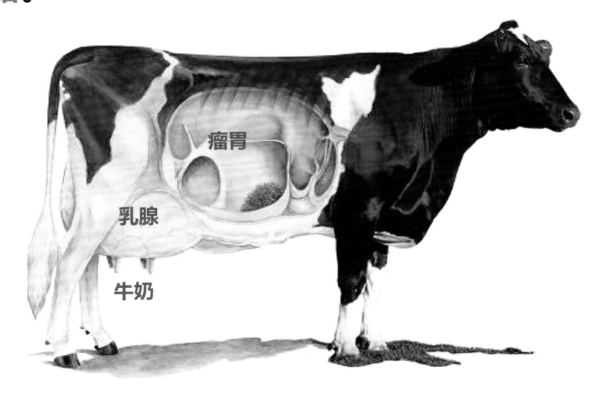

自主研发人工瘤胃系统，有效支撑"多产奶"

➢ **历时 28 年，坚持自主研发出四代人工瘤胃系统。**

➢ **破解奶牛瘤胃研究中的"黑箱"难题。**

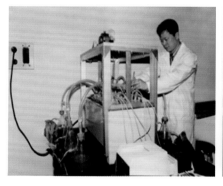
第一代 静态发酵
（1993—1999 年）

第二代 瘤胃蠕动
（1999—2006 年）

第三代 三相分流
（2007—2014 年）

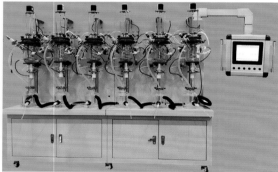
第四代 实时监测
（2014 年至今）

国际同行评价

在瘤胃产脲酶菌鉴定方面，被认为是 21 世纪目前唯一的突破。

Journal of Advanced Research

Review

Ureases in the gastrointestinal tracts of ruminant and monogastric animals and their implication in urea-N/ammonia metabolism: A review

Amlan Kumar Patra [a,b,*], Jörg Rudolf Aschenbach [a]

[a] Institute of Veterinary Physiology, Freie Universität Berlin, Oertzenweg 19b, 14163 Berlin, Germany
[b] Department of Animal Nutrition, West Bengal University of Animal and Fishery Sciences, 37 K. B. Sarani, Belgachia, Kolkata 700037, India

---

frontiers in Microbiology

REVIEW
published: 25 September 2018
doi: 10.3389/fmicb.2018.02161

Addressing Global Ruminant Agricultural Challenges Through Understanding the Rumen Microbiome: Past, Present, and Future

OPEN ACCESS

Edited by:
Zhongtang Yu,
The Ohio State University,
United States

Sharon A. Huws[1*], Christopher J. Creevey[1], Linda B. Oyama[1], Itzhak Mizrahi[2],

studies amongst other recommendations. Also the construction of rumen microbiome databases to aid accurate taxonomical assignment, such as RIM-DB (for methanogens; Seedorf et al., 2014), the ureC database (ureolytic bacteria; Jin et al., 2017), and AF-RefSeq (anaerobic fungi; Paul et al., 2018) drastically improve our ability to monitor rumen microbial diversity.

Sharon Huws 教授为《Animal Microbiome》主编，《Microbiome》资深编辑

"脲酶基因数据库"被列为瘤胃功能微生物三大数据库之一。

创建安全控制与质量提升技术，有效支撑"产好奶"

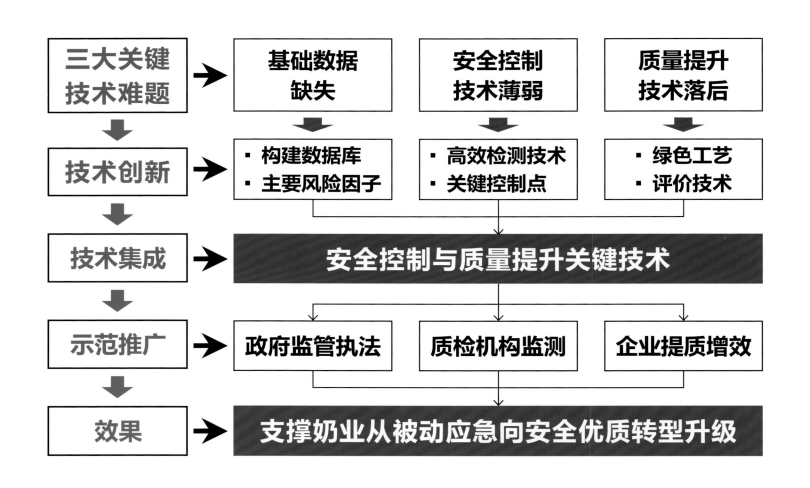

国产奶主要质量安全指标达到国际标准

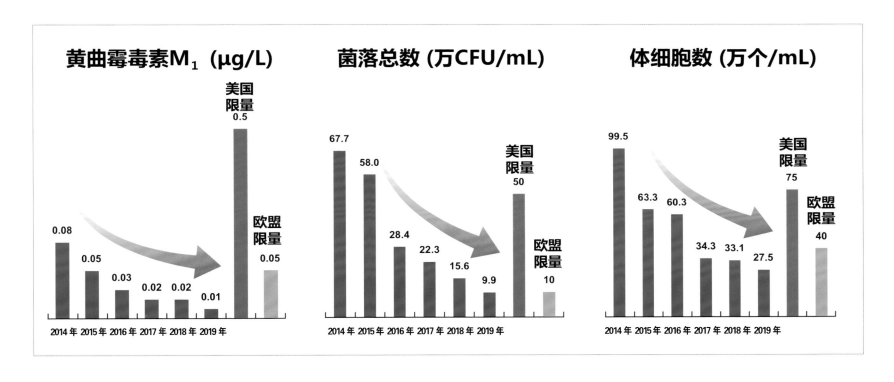

"奶产品质量安全风险评估和营养品质评价数据库平台" 分析结果

国产奶主要营养指标显著提升

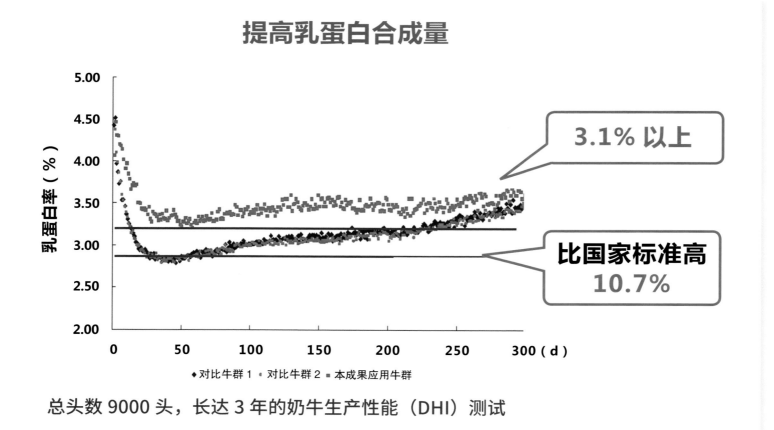

总头数 9000 头,长达 3 年的奶牛生产性能(DHI)测试

首创牛奶品质三维评价模型，有效支撑"喝好奶"

牛奶品质三维评价模型

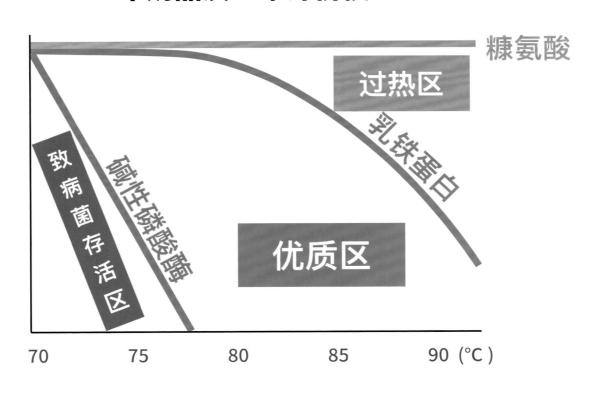

科学回答"什么是好牛奶?"

> 在全国 23 个主要大城市的超市抽取国产奶与进口奶样品。

> 自 2015 年,连续 6 年评价国产奶与进口奶的营养品质。

名称	采样地点	乳果糖	糠氨酸	乳果糖/糠氨酸	结论
进口品牌1	广州	10.9	75.4	0.1	含有复原乳
进口品牌2	广州	120.3	57.0	2.1	非巴氏杀菌乳

评价结果:进口奶品质参差不齐,鱼目混珠。

提出"优质奶产自本土奶"的科学理念

奶类有"三怕"

> 一怕过热加工

> 二怕长期保存

> 三怕漂洋过海

婴儿要在妈妈怀里喝奶：36℃、零时间、零距离。

乳铁蛋白、α-乳白蛋白、β-乳球蛋白
对荷瘤小鼠肺、结肠、肝、乳腺部位的肿瘤有明显抑制作用。

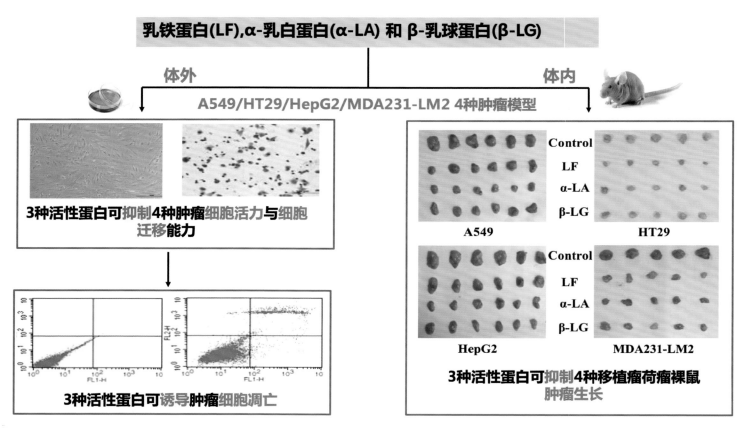

Li H Y, Li P, Yang H G, et al. 2019. Investigation and comparison of the anti-tumor activities of lactoferrin, α-lactalbumin and β-lactoglobulin, in A549/HT29/HepG2/MDA231-LM2 tumor models[J]. Journal of Dairy Science, 102: 9586-9597.

学术影响力

五年发表 SCI 论文：111 篇

热敏因子和**活性蛋白**研究领域，在国际上发文量第一，他引频次第一。

学术论文国内外影响力评价报告

检索范围：
Science Citation Index Expanded (SCI-EXPANDED)；Journal Citation Reports；Essential Science Indicators

检索式：
SCI 论文检索式：ts=(furosine and toxic*) OR (ts=((lactoferrin or lactalbumin or lactoglobulin) and ("anti tumor" or Antitumor or "Anti-tumor" or carcinogen*)) and all=(milk))

检索时间：2013 年~2019 年　　检索日期：2020 年 6 月 9 日
检索结果为 53 篇，筛选杂质后有效论文 20 篇。

检索结果：
中国农业科学院北京畜牧兽医研究所奶产品质量与风险评估创新团队在热敏因子和活性蛋白研究领域以通讯和第一作者发表 SCI 论文 10 篇，占该领域全部发文的 50%，在国际上发文量排第一位。

以通讯和第一作者发表 SCI 论文的影响力方面在国际上比较结果如下：

该团队发表 SCI 论文在 Web of Science 核心合集中总被引频次为 35，他引频次为 27，均居**全球第一位**。

该团队发表 SCI 论文在 SCI 数据库中 h 指数为 4，居**全球第一位**。

该团队发表论文的累计期刊影响因子为 33.619，篇均期刊影响因子为 3.362，均居**全球第一位**。

检索单位：　中国农业科学院科技文献信息中心
　　　　　国家一级科技查新咨询单位　（盖章）
报告完成人：王晓静　赵慧敏
完成时间：2020 年 6 月 17 日

提出牛奶具有"基础营养功能"与"活性营养功能"双重营养功能的科学理念。

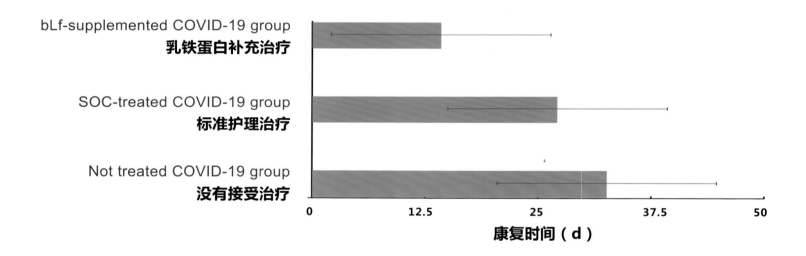

国际上将奶中的活性因子乳铁蛋白用于新冠病毒感染患者的食物中，使得新冠患者的康复期从 32 天缩短到 14 天。

Campione E, Lanna C, Cosio T, et al. 2020. Lactoferrin as potential supplementary nutraceutical agent in COVID-19 patients: *in vitro* and *in vivo* preliminary evidences[J]. bioRxiv, doi: https://doi.org/10.1101/2020.08.11.244996.

奶业联盟的科技创新模式，从传统的"以生产"为导向，转变为"以面向人民生命健康"为导向。

围绕"多产奶—产好奶—喝好奶"，集成建立优质乳工程技术体系，始终保持理论与技术的核心引领力。

优质乳工程在光明乳业应用范例

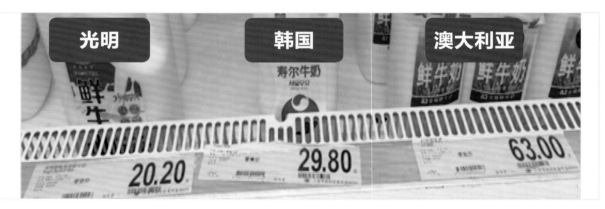

2016 年
优质乳工程实施前

在同一超市同一柜台里，光明的牛奶最便宜，但是消费者仍不买账。
国产奶与进口奶，到底什么牛奶好？

2016—2018 年

- **全面实施优质乳工程**

- 优质生乳提升技术
- 低碳工艺加工技术
- 品质评价三维技术

2019 年　光明乳业全面通过优质乳工程评价验收

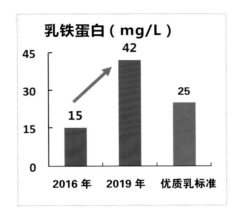

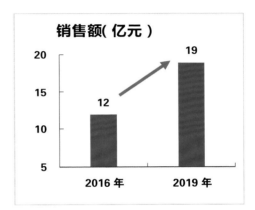

优倍 75°C 单品，成为全球第一款标识乳铁蛋白等 3 种活性因子的牛奶，2019 年销售额 19 亿元。核心竞争力得到决定性提升。

国产奶实现"技术引领—标准引领—品质引领"，牢牢掌握市场的话语权、定价权。

第三篇　健康中国　支撑力

牛奶的核心价值在于提高人民生命健康。

2021年3月23日,习近平总书记在福建考察时指出,"现代化最重要的指标还是人民健康,这是人民幸福生活的基础。把这件事抓牢,人民至上、生命至上应该是全党全社会必须牢牢树立的一个理念。"

优质乳工程助力健康中国

优质乳工程，覆盖全产业链，推动高质量发展，助力健康中国，取得"四化"突破。

- **原料鲜活　　本土化**
- **加工工艺　　低碳化**
- **奶类产品　　优质化**
- **国民消费　　理性化**

一是原料鲜活本土化

破解了长期以来养殖业利益分配偏低的难题。

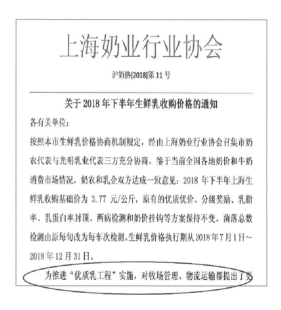

实施优质乳工程的奶牛养殖场，生乳质量达到国际领先水平，每千克生乳价格提高 0.15 元，每年每头成母牛增收 864 元。

二是加工工艺低碳化

实现保留牛奶中活性因子、减排和增收三重效果。

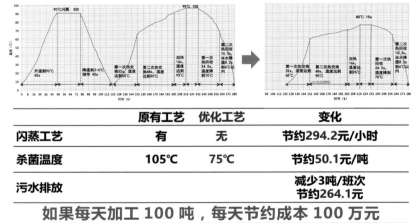

如果每天加工 100 吨，每天节约成本 100 万元

由于原料奶质量大幅度提升，乳品加工企业巴氏杀菌温度由 105℃下降到 75℃，取消闪蒸等工序，降耗减排，绿色发展。

三是奶类产品优质化

本土奶源的鲜活优势与低碳加工工艺结合，使国产奶的品质实现决定性转变，核心竞争力显著提升。

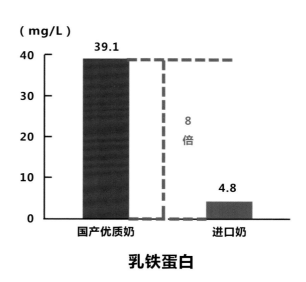

乳铁蛋白

优质乳的品质内涵：安全健康、绿色低碳、营养鲜活。

四是国民消费理性化

在优质乳工程的引领下，消费者不再盲目迷信进口奶，进入理性消费时代。

成都市地铁内优质乳宣传

近年先后举办优质乳品牌宣讲会 416 次，参加优质乳现场科普的消费者 260.9 万人次，线上访问交流人数达到 4.6 亿人次。

创新团队—奶业联盟—引领产业

为国产奶核心竞争力提供了决定性支撑

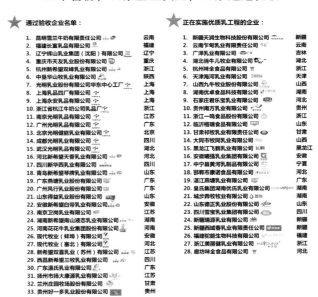

25个省份，61家企业实施，33家通过验收

优质乳工程技术体系在25个省份61家企业示范应用，生产的优质巴氏杀菌乳产量占到全国的90%以上。

国民营养计划 2021 年重点工作

计划内容	2021 年重点工作	负责部委（单位）及委内分工
一、完善营养法规政策标准体系		
（一）推动营养相关政策法规研究	1. 印发《中国食物与营养发展纲要（2021-2035 年）》。	农业农村部、国家卫生健康委。委内：疾控局、食品司。
（二）完善标准体系	1. 发布和解读 1-2 批营养健康标准及规范性文件。	国家卫生健康委、市场监管总局。委内：食品司，疾控中心，食品评估中心。
	2. 完善生乳生产标准规范体系。	农业农村部，中国奶业协会。
二、加强营养能力建设		
（一）加强营养科研能力建设	1. 加强国民营养保障方面的基础研究、应急产能、无接触物流等关键技术攻关，加大国家科技计划中食品营养科技研发任务统筹部署和组织实施。	科技部、国家卫生健康委、体育总局、教育部。委内：科教司、食品司。
	2. 试点建设区域性营养创新平台和省部级营养专项重点实验室。	河北省、内蒙古自治区、吉林省、黑龙江省、上海市、江西省、湖北省、湖南省、广东省、广西壮族自治区、四川省卫生健康委，科技部、国家卫生健康委。委内：食品司，科教司，疾控中心。
	3. 推进实施国家优质乳工程，研究建设优质乳标准化技术体系。	农业农村部、国家卫生健康委，河北省、黑龙江省、上海市、福建省、广东省、四川省卫生健康委。委内：食品司，食品评估中心、疾控中心。

2021 年 5 月 18 日，国家卫健委
把奶业联盟实施的"国家优质乳工程"列入"国民营养计划 2021 年重点工作"。

附录　联盟建设与工作风采

2018年11月15—18日，在南京举行全国新农民新技术创业创新博览会，韩长赋部长（右三）对国家奶业科技创新联盟研发的优质乳标准化技术给予了充分肯定。

附录　联盟建设与工作风采

2017年6月30日，优质乳工程产品亮相"全国食品安全宣传周　农业部主题日活动"。

2020年9月7日,在中国农业科学院组织举办的现场交流会议上,中国农业科学院党组书记张合成(右二)向北京大学领导介绍优质乳工程产品。

2021年5月26日,中国农业科学院举办"农科开放日"。农业农村部党组成员,中国农业科学院院长唐华俊(左二),党组书记张合成(左三)现场指导和品鉴优质乳工程产品。

附录　联盟建设与工作风采

2017年12月11日，在北京召开国家奶业科技创新联盟2017年度工作总结会。

2018年11月20—21日，在北京召开国家奶业科技创新联盟2018年度工作总结会。

2019年8月19日，在福建召开国家奶业科技创新联盟理事长工作会议。

2020年8月29日，在北京召开国家奶业科技创新联盟2020年度工作会议。

2021年4月18日，在北京召开国家奶业科技创新联盟2021年度工作会议。

优质乳工程助力健康中国

2017年8月22日,国家奶业科技创新联盟在福州市召开"第一届中国优质乳工程发展论坛"。

2018年8月20日,国家奶业科技创新联盟在厦门市召开"第二届中国优质乳工程巴氏鲜奶发展论坛"。

2019年8月20日,国家奶业科技创新联盟在武夷山市召开"第三届中国优质乳工程巴氏鲜奶发展论坛"。

附录　联盟建设与工作风采

2017 年 5 月 10 日，国家奶业科技创新联盟在昆明举办"国家奶业科技创新论坛"。

2019 年 8 月 13 日，国家奶业科技创新联盟在"第 20 届光明牧业论坛暨第 12 届长三角奶业大会"上讲解优质乳工程。

2020 年 8 月 17 日，国家奶业科技创新联盟在兰州召开"首届中国高原牧场鲜奶峰会"。

2016年9月6日,新希望雪兰乳业成为首家通过"中国优质乳工程"巴氏奶验收的企业。

2017年3月20日,杭州新希望双峰乳业有限公司通过验收新闻发布会。

2017年3月28日,四川新华西乳业有限公司通过验收新闻发布会。

2017年5月3日,青岛新希望琴牌乳业有限公司通过验收新闻发布会。

附录 联盟建设与工作风采

2017年12月18日,中国优质乳工程新希望天香乳业有限公司验收会。

2017年12月19日,中国优质乳工程新希望双喜乳业(苏州)有限公司验收会。

2018年10月28日,在合肥举行安徽新希望白帝乳业有限公司优质乳工程验收仪式。

2018年11月4日,在昆明举行新希望昆明雪兰牛奶有限责任公司优质乳工程复评审验收仪式。

2018年12月24日,中国优质乳工程湖南新希望南山乳业有限公司验收会。

2020年8月5日,新希望昆明雪兰通过优质乳工程第二次复评审。

2017年2月16日,福建长富乳品有限公司优质乳工程—巴氏杀菌乳项目验收新闻发布会。

2019年8月14日,联盟理事长王加启研究员率队赴长富乳业优质乳工程牧场第十四牧场调研,指导优质生乳生产工作。

2020年8月10日,福建长富乳品有限公司成为全国首家全品项巴氏鲜奶连续通过中国优质乳工程复评审的企业。

2018年7月7日,在上海举行光明乳业股份有限公司优质乳工程验收仪式。

2020年8月27日,光明乳业股份有限公司九家工厂通过优质乳工程复评审验收。

2017年7月11日,联盟理事长王加启研究员出席现代牧业"优质乳工程"成果报告新闻发布会。

2017年3月18日，辉山乳业优质乳工程验收新闻发布会。

2017年4月16日，重庆天友乳业通过中国优质乳工程验收新闻发布会。

2021年5月22日，联盟理事长王加启研究员率队赴现代牧业（商河）有限公司调研考核优质乳工程牧场创建情况。

2021年7月17日，现代牧业优质乳工程评价成果白皮书发布。

附录　联盟建设与工作风采

2018年4月22日，在广州召开华南地区首次优质乳工程企业通过验收新闻发布会。

2018年7月10日，在济南召开得益乳业通过优质乳工程验收新闻发布会。

2018年11月11日，在南京举行南京卫岗乳业有限公司优质乳工程验收会。

2019年7月22日，在郑州召开花花牛乳业集团轻觉上市暨优质乳工程认证新闻发布会。

52

2019 年 6 月 21—23 日，河南花花牛乳业通过优质乳工程现场验收和会议验收。

2019 年 6 月 17 日，联盟理事长王加启研究员率队赴飞鹤种植基地和养殖基地开展现场工作。

2019 年 7 月 18—19 日，联盟理事长王加启研究员率队赴澳亚赤峰牧场开展技术指导工作。

2020 年 6 月 12—14 日，温氏乳业优质乳工程工作通过专家组验收。

附录　联盟建设与工作风采

2021年5月20日，扬大康源乳业首次通过国家奶业科技创新联盟专家优质乳工程验收。

2021年7月16日，贵州好一多乳业首次通过国家奶业科技创新联盟专家优质乳工程验收。

优质乳产品直供香港和澳门。

图书在版编目（CIP）数据

优质乳工程助力健康中国 / 国家奶业科技创新联盟编著. -- 北京：中国农业科学技术出版社，2021.10

ISBN 978-7-5116-5479-3

Ⅰ. ①优… Ⅱ. ①国… Ⅲ. ①乳制品—产品质量—质量控制—研究—中国 Ⅳ. ① TS252.7

中国版本图书馆 CIP 数据核字 (2021) 第 182742 号

责任编辑	金 迪
责任校对	李向荣
责任印制	姜义伟　王思文
出 版 者	中国农业科学技术出版社 北京市中关村南大街 12 号　邮编：100081
电　　话	（010）82109705（编辑室）　（010）82109702（发行部） （010）82109709（读者服务部）
传　　真	（010）82109698
网　　址	http://www.castp.cn
经 销 者	各地新华书店
印 刷 者	北京地大彩印有限公司
开　　本	285mm×210mm　1/16
印　　张	4.375
字　　数	83 千字
版　　次	2021 年 10 月第 1 版　2021 年 10 月第 1 次印刷
定　　价	128.00 元

◁ 版权所有·翻印必究 ▷